N'guess Petrus

Ideias simples para a Costa do Marfim

N'guess Petrus

Ideias simples para a Costa do Marfim

ScienciaScripts

Imprint

Cover image: www.ingimage.com

This book is a translation from the original published under ISBN 978-620-6-71188-9.

Publisher:
Sciencia Scripts
is a trademark of
Dodo Books Indian Ocean Ltd. and OmniScriptum S.R.L publishing group

120 High Road, East Finchley, London, N2 9ED, United Kingdom
Str. Armeneasca 28/1, office 1, Chisinau MD-2012, Republic of Moldova, Europe
Printed at: see last page
ISBN: 978-620-0-93575-5

NÃO ADIVINHE

IDEIAS SIMPLES PARA A COTE D'IVOIRE

Seguido de

"Oui patonlon", ou seja, romper com a mentalidade de escravo

PREFÁCIO

Os intelectuais africanos têm um dever para com o continente. Eles que estudaram durante longos períodos, muitas vezes em instituições prestigiadas de renome mundial. Que trabalharam em ambientes multiculturais, com uma vasta experiência em todos os domínios da atividade humana. Esfregaram os ombros com os dirigentes de países poderosos, mantendo mesmo relações estreitas com alguns deles. Continuam a beber das mesmas fontes de informação, quase em tempo real, com os decisores dos países desenvolvidos. Têm o dever, seja qual for a sua posição na sociedade, de trabalhar para a emergência do continente africano. Dos responsáveis políticos e administrativos aos empresários e artistas, sem esquecer os que estão prestes a reformar-se, todos têm um papel a desempenhar na construção de uma África valiosa que terá uma palavra a dizer na política mundial.

É esta a visão subjacente a este livro, fruto das reflexões de um antigo quadro superior da administração da Costa do Marfim. Este livro é uma modesta contribuição de uma testemunha do seu tempo que se recusa a ver a nação da Costa do Marfim estagnar, ou mesmo regredir em políticas públicas cujos resultados conduziram muitas vezes a fracassos patentes.

Apesar de modesta, não é menos empenhada porque é dirigida às mais altas autoridades da Costa do Marfim, que esperamos que lhe dêem a mínima atenção, porque na longa marcha da construção da nação, todas as opiniões contam. Sobretudo as opiniões daqueles que acompanharam a evolução da nossa jovem nação desde a independência até aos nossos dias. As opiniões daqueles que, depois de se terem afastado da gestão dos assuntos públicos, olham para eles com frieza e sem rodeios. As opiniões daqueles que não estão marcados pelo pensamento sectário ou clânico do seu partido político.

Este livro dirige-se também ao cidadão comum, que encontrará matéria para reflexão, quer para amadurecer o seu pensamento crítico, quer para alimentar as suas acções ao serviço da nação.

Como diz o velho ditado, "panelas velhas fazem bons molhos".

Mas o pré-requisito para tudo isto é libertar-se da mentalidade de escravo, daí o apêndice: "Oui patonlon", ou seja, romper com a mentalidade de escravo.

Augustin ACQUAH,
Caneta pronta,
Professora de francês.

Índice

PREÂMBULO

Como observador atento da vida política, económica e social do nosso país desde 1960, altura em que iniciei o sexto ano no Collège d'Orientation du Plateau, e como interveniente no desenvolvimento do país desde 1970 até aos dias de hoje, acumulei, ao longo de uma longa carreira profissional, uma experiência que gostaria muito modestamente de colocar à disposição do meu país.

Acredito sinceramente, Senhor Presidente, que a grande abertura de espírito que sempre caracterizou a sua ação me permitirá utilizar estas linhas para dar o meu modesto contributo para o desenvolvimento do nosso país.

Sem pretender ser exaustivo, o meu contributo abordará todos os aspectos da vida quotidiana da nação de uma forma pragmática, com propostas de soluções.

I- A UTILIZAÇÃO DE RECLUSOS DE DIREITO COMUM

Na Costa do Marfim, os presos de direito comum sempre foram internados a expensas do Estado para cumprirem as suas penas. Parece-me que isto contém uma contradição em si mesmo. Porquê obrigar a sociedade a alimentar e a manter gratuitamente pessoas que supostamente fizeram mal a essa sociedade?

Esta forma de tratar os prisioneiros é um fardo pesado que os nossos frágeis Estados não podem suportar. Os reclusos são caros. São seres humanos que têm necessidades como todos os outros seres humanos. A prisão não elimina as necessidades essenciais e, uma vez que os reclusos não são produtivos, quem é que vai prover às suas necessidades? Alimentar, cuidar, alojar, vestir e divertir os prisioneiros, cujo número continua a aumentar enquanto o número de lugares disponíveis continua a ser insuficiente.

De acordo com o relatório de 2021 do Conselho Nacional dos Direitos do Homem (ver Ivoir'Hebdo N°68 de terça-feira 28 de dezembro de 2021 a segunda-feira 03 de janeiro de 2022), as 34 prisões da Costa do Marfim albergam 20 911 reclusos para uma capacidade de 8 000 lugares. Isto representa uma taxa de ocupação de 161%. Esta sobrelotação tem um custo! E quem é que paga esse custo? Ao querermos punir as pessoas, estamos a criar encargos que serão suportados por toda a sociedade.

Estes encargos insuportáveis conduzem a um outro problema: a degradação da dignidade humana. Como o Estado não pode dar-se ao luxo de cuidar dos seus prisioneiros, contenta-se em prestar um serviço mínimo. Assim, as prisões estão a tornar-se não em locais de reabilitação, mas sim em locais de desumanização, de onde muitos reclusos saem destruídos e com elevado risco de regressar.

Nem sequer quero entrar na questão da sobrelotação dos tribunais, onde os processos que aguardam julgamento se acumulam nas secretárias dos juízes. Só na prisão de Abidjan (MACA), 56,67% dos processos estão a aguardar julgamento. (Ver relatório de 2021 da CNDH)

Em suma, a prisão na Costa do Marfim, tal como funciona, é uma grande bola e uma corrente que nada faz pela sociedade, pelos reclusos ou pelo sistema judicial.

Para ultrapassar esta espada de Dâmocles, gostaria de fazer algumas propostas que espero que caiam nos ouvidos certos.

A partir de agora, os reclusos comuns, em boa situação, devem ser retirados da prisão e utilizados em trabalhos de interesse público: limpeza do ambiente urbano (recolha de lixo, limpeza de sarjetas, etc.), manutenção de estradas, trabalho em grandes projectos do Estado, etc.

Além disso, deve ser dada prioridade aos centros de ressocialização onde, para além de lhes serem ensinados os valores fundamentais necessários para viver em sociedade, lhes sejam ensinadas profissões que possam praticar depois de cumprida a pena.

Recomendamos igualmente a criação de centros de formação nas prisões, que abranjam trabalhos de eletricidade, alvenaria, carpintaria, etc., para que os reclusos que o desejem possam aprender uma profissão e exercê-la quando forem libertados.

Do mesmo modo, serão disponibilizadas parcelas de terreno limpas e preparadas para a horticultura comercial e a cultura do arroz, a fim de permitir a aprendizagem da agricultura. O produto da venda das colheitas será depois utilizado para melhorar as condições de vida dos pensionistas voluntários que escolheram esta via.

Utilizados desta forma, os condenados cumprirão as suas penas de forma saudável. E os benefícios serão ainda maiores para todos.

Desta forma, os reclusos contribuirão para a sua alimentação e, como estão ocupados com trabalho ou formação, terão pouco tempo para a ociosidade. Não se diz que a ociosidade é a mãe dos vícios?

Para além disso, a abordagem que defendemos favorecerá a integração social e profissional dos antigos reclusos.

Obviamente, os melhores condutores selecionados por bom comportamento ao abrigo desta nova visão terão as suas penas reduzidas num montante razoável, encorajando outros a seguirem o exemplo.

É este o preço que a prisão terá de pagar para dar uma segunda oportunidade a milhares de jovens que, muitas vezes, se encontram neste mundo porque o Estado e os pais abdicaram das suas responsabilidades básicas.

Salvar os presos de direito comum, salvar a sociedade.

II- O SERVIÇO DE IMIGRAÇÃO

II.1 - Antecedentes

A imigração para a Costa do Marfim foi incentivada por uma série de factores históricos.

A AOF, criada em dezembro de 1895 e composta pelas colónias francesas da África Ocidental, constituía um território único no qual todos os cidadãos desta federação podiam instalar-se como quisessem.

À experiência da AOF, junta-se o aparecimento do RDA (Rassemblement Démocratique Africain), grande partido que emancipa os povos da sub-região francófona, chegando mesmo à África Central, sob a alta autoridade do seu Presidente, **Félix HOUPHOUET-BOIGNY.**

Estes factos históricos contribuíram para amplificar e consolidar o movimento migratório, em particular para a Costa do Marfim, onde, na altura, um grande número de nacionais dos outros Estados membros da AOF se veio instalar para se dedicar a todo o tipo de actividades agrícolas, artesanais, industriais e comerciais.

Foi criado todo um arsenal jurídico de disposições **legislativas** e **regulamentares**:

- Lei n.º 67-198, de 23 de maio de 1967, relativa ao direito de estabelecimento e de prestação de serviços dos nacionais e sociedades dos Estados-Membros da Comunidade Económica Europeia,
- Decreto n.º 84 - 447, de 22 de março de 1984, relativo aos acordos de promoção e garantia recíproca de investimentos, completado por :
- Leis n.º 84 -1230 de 08 de novembro de 1984 e n.º 95-620 de 03 de agosto de 1995 sobre o código de investimento;

acabaram por **legitimar** a situação de facto dos estrangeiros que vivem na Costa do Marfim. Assim, o nosso país tem atualmente uma das taxas de imigração mais elevadas do mundo, com 6 milhões de estrangeiros numa população de 23 milhões, ou seja, quase 26% da população do país.

Esta taxa não pode deixar os decisores indiferentes ao risco de crises socioeconómicas graves que abalam a população e abalam a nossa nação.

II.2 - Soluções propostas

Dada a dimensão do problema, alguns sugeriram a criação de um **Serviço Nacional de Imigração** para tratar de todos os aspectos do fenómeno migratório na Costa do Marfim.

Por conseguinte, gostaria de aproveitar esta oportunidade para dar o meu modesto contributo para a resolução deste problema.
O principal papel do **Gabinete Nacional de Imigração**, ou seja qual for a sua designação, será o de conceber e gerir a política de migração na Costa do Marfim, de acordo com as aspirações profundas da população e a visão definida pelo governo.

Um dos critérios fundamentais para aceder à Costa do Marfim, por exemplo, será o emprego. Para um país com uma taxa de desemprego estimada em 25%, é arriscado aceitar novas pessoas sem competências reais, que irão aumentar o número de desempregados no país.

Na minha modesta opinião, todos os estrangeiros que se encontram atualmente na Costa do Marfim e que não podem apresentar provas de atividade profissional ou económica ou de competências credíveis deveriam ser identificados e formados em ligação com as suas representações diplomáticas, a fim de lhes dar a oportunidade de serem produtivos. Além disso, os estrangeiros que desejem entrar na Costa do Marfim devem apresentar razões válidas: estudo, emprego, actividades comerciais, turismo, etc.

Perante o desafio de segurança colocado pelo terrorismo na África Ocidental, é mais do que urgente prestar especial atenção à imigração, respeitando simultaneamente os direitos humanos e os compromissos do país para com os seus parceiros internacionais.

III- GESTÃO DO ESTADO COMO UMA EMPRESA PRIVADA

Para permitir uma gestão eficaz e racional, o Estado, enquanto entidade administrativa, deve ser comparado a uma grande empresa, ou seja, a maior empresa da Costa do Marfim.

Com base na minha vida profissional, trinta (30) anos ao serviço de empresas como a Energie Electrique de la Côte d'Ivoire (E.E.CI) e a Compagnie Ivoirienne d'Electricité (C.I.E), a semelhança aqui evocada é apenas uma razão.

Assim, para compreender o que vou dizer a seguir, tomemos a Costa do Marfim como uma grande empresa privada.

Neste caso, o Presidente da República será o Presidente do Conselho de Administração (P.C.A.), eleito à frente da Ivoire.

O Presidente da República nomeia o Primeiro-Ministro, que, neste caso, é de facto o Chefe do Executivo (CEO) da Costa do Marfim.

A gestão que defendemos, que deve ser um assunto de todos os cidadãos, deve basear-se no sistema de gestão participativa por objectivos com obrigação de resultados.

Este tipo de gestão, que favorece a transparência, é sempre medido após o prazo fixado por um **contrato de gestão**, que continua a ser o instrumento de base.

Aqui, a noção de responsabilidade e de respeito pela hierarquia é também um importante fator de sucesso.

Assim, o Primeiro-Ministro (D.G.) deve assinar um **Contrato de Gestão** com o Presidente da República (P.C.A.) sobre os **objectivos específicos** a atingir em :

- ✓ Curto prazo (seis meses)
- ✓ Médio prazo (1 ano)
- ✓ Longo prazo (dois anos)

Para garantir a coerência, os Ministros (Diretores Operacionais ou Funcionais), por seu lado, devem assinar um outro contrato de gestão com o Primeiro-Ministro (D.G.) para as suas respectivas áreas de responsabilidade.

É de notar que, de acordo com a sua função, os Ministérios podem ser classificados como :

- Departamentos operacionais

- ➢ Ministério da Energia e das Minas ;
- ➢ Ministério encarregado das Infra-estruturas Económicas ;
- ➢ Ministério da Defesa ;
- ➢ Ministério da Construção ;
- ➢ Ministério do Interior e da Segurança ;
- ➢ Ministério dos Transportes ;
- ➢ Ministério da Educação Nacional e do Ensino Básico ;
- ➢ Ministério do Ensino Superior e da Investigação Científica ;
- ➢ Ministério da Agricultura ;
- ➢ Ministério da Indústria e do Comércio ;
- ➢ E assim por diante.

- Ministérios funcionais: Todos os outros ministérios que não estão ligados a um domínio técnico específico.

A nível ministerial, os vários prazos para apresentação de relatórios ao Primeiro-Ministro são :

- Curto prazo: 03 meses ;
- Médio prazo: 06 meses ;
- Longo prazo: 1 ano.

Finalmente, o pessoal dos Ministros (neste caso, Diretores e Chefes de Departamento), que constituem o penúltimo nível da pirâmide hierárquica, assinam os seus Contratos de Gestão com os respectivos Ministros, com os seguintes prazos de avaliação:

- Curto prazo: 1 mês ;
- Médio prazo: 3 meses ;
- Longo prazo: 6 meses.

Para que este sistema funcione normalmente, o Presidente terá o cuidado de instituir um órgão **de regulamentação**, **controlo** e **acompanhamento** a cada nível da hierarquia, com base na **autorregulação**, uma garantia de confiança.

O organismo assim criado deverá ocupar-se das interações e das relações entre os diferentes ministérios, eliminando todos os constrangimentos psicológicos e sociológicos entre eles.

Desta forma, todas as acções verticais de um ministério para outro, bem como todas as acções horizontais, serão concluídas dentro do prazo previsto e de forma coerente.

A todos os níveis, a obrigação de obter resultados será sempre a regra. Cada um dirigirá, com os olhos postos no **painel de controlo** (Contrato de Gestão) e prestará contas por escrito à hierarquia, de acordo com os termos do contrato assinado, sem esperar por qualquer sinal.

É evidente que, num sistema de **gestão participativa por objectivos**, é recomendável uma liderança permanente como fator de libertação dos trabalhadores.

É por isso que, para além das já conhecidas reuniões do Conselho de Ministros e do Conselho de Ministros do Governo, devem ser realizadas as seguintes reuniões:

- Reuniões do Conselho de Ministros: Reunião de ministros/funcionários;
- Reuniões de direção: reuniões de diretores e de pessoal ;
- Reuniões de departamento: Reunião entre os chefes de departamento e o pessoal.

Para além destas reuniões recomendadas, haverá **seminários** por Ministério ou por grupo de Ministérios e **reuniões de revisão**.

O Conselho de Ministros realizar-se-á uma vez por trimestre fora da capital e, numa base rotativa, nas capitais regionais. Desta forma, a equipa governamental poderá ver com os seus próprios olhos, sem qualquer prisma de distorção, o impacto da ação do governo na população.

O Primeiro-Ministro e todos os ministros seguirão o mesmo ritmo em cada região, permitindo aos dirigentes chegar aos seus eleitores e ouvir as suas preocupações.

Assim, gerido como uma empresa privada, o Presidente da República deve poder reunir-se com o Primeiro-Ministro ao fim de um ano para avaliar a sua gestão.

Será uma oportunidade para o Primeiro-Ministro verificar se está a trabalhar de acordo com as diretivas estabelecidas pelo Presidente. Por conseguinte, não ficará surpreendido com a nota que o Presidente da República lhe atribuir no final do ano.

No entanto, o Presidente da República será convidado a explicar a sua decisão numa reunião.

A mesma regra deve ser aplicada a todos os níveis da hierarquia. Desta forma, qualquer **recompensa** ou **sanção** apresentada será justificada pela transparência e abertura.

Gerida desta forma, a administração pública poderá atuar em benefício da população. E a economia será melhorada porque a atividade económica será facilitada em todos os seus aspectos. Finalmente, este tipo de gestão criará uma concorrência saudável no seio da população, onde apenas valores como o trabalho árduo, o mérito, o respeito pelo serviço público e o sentido de responsabilidade serão amplamente promovidos. Temos de começar agora, porque a sobrevivência do nosso país depende disso. Caso contrário, corremos o risco de nos tornarmos um país falido como o Líbano.

IV- PRIVATIZAÇÃO DA ENERGIA ELÉCTRICA NA COTE D'IVOIRE

IV. 1 - História das privatizações

IV. 1.1 - Situação antes da privatização

Na verdade, o sector da eletricidade da Costa do Marfim atravessava um período difícil, devido essencialmente a razões endógenas e exógenas.

a/ Razões endógenas

- Estrutura demasiado pesada ;
- Uma força de trabalho esmagadora: mais de 3.500 empregados;
- Distribuição injusta dos frutos do crescimento;
- Gestão privada baseada na discriminação;
- Injustiças sociais na empresa ;
- A pirâmide estava demasiado queimada na base, enquanto no topo, a direção se entregava a um verdadeiro esbanjamento e esbanjamento em detrimento dos que produziam.

Resultados :

I Descontentamento generalizado,

V Atmosfera pesada,

V Suspeita,

V Má circulação da informação: a importância dos rumores,

V Desmotivação geral.

b/ Razões externas

- Intervenção intempestiva dos políticos na gestão quotidiana;
- Contas públicas substanciais por pagar, ou seja, quase 25 mil milhões;
- Acesso livre para todas as autoridades, introduzido como um princípio de gestão.

Perante esta situação, e à beira da catástrofe, todos os agentes se mobilizaram para salvar o que ainda era possível.

A pedido do Presidente do Conselho de Administração e na sequência da auditoria dos grandes projectos, foi tomada uma série de medidas internas:

- Revisão e racionalização das estruturas ;
- Avaliação do pessoal com vista à sua redução ;
- Redução drástica das prestações ;
- Proposta de venda de parte dos activos imobiliários não relacionados com as operações (reduzindo assim o orçamento de manutenção: mais de mil milhões de euros por ano).

A auditoria recomendou uma verba de 50 mil milhões de euros para colocar o sistema de energia eléctrica da Costa do Marfim em boas condições. Este montante, desembolsado pelo BAD, nunca chegará ao seu destino.

IV. 1.2 - Antecedentes da privatização da E.E.C.I.

Foi neste contexto de tristeza generalizada e de procura de soluções que o fornecimento de eletricidade à Costa do Marfim foi cortado.

No entanto, algo aconteceu para precipitar esta operação.

No início de 1989, a frente social já se tinha inflamado perante a crise económica e as decisões impopulares tomadas para a travar.

Como em todos os países, os estudantes estão na vanguarda da luta pelo progresso social. Os estudantes que viviam no bairro de Yopougon, em plena revisão dos exames, viram o seu fornecimento de eletricidade interrompido. Os estudantes viram nisso uma provocação. O fogo foi aceso e a revolta começou, as brasas já debaixo das cinzas. O trabalho de minagem levado a cabo na clandestinidade pelos opositores ao regime e por outras forças que espreitam na sombra encontrou um aliado objetivo: a frente social.

Esta perseguição aos detentores do poder conduzirá, sem dúvida, à libertação de todas as sensibilidades, à quebra do consenso conducente a um sistema multipartidário. O falecido Presidente Houphouet nunca perdoou à Energie Electrique de la Côte d'Ivoire e aos seus dirigentes por este facto.

É por isso que, desde os primeiros ecos da privatização, foi dada a ordem de começar pela empresa de referência, a Energie Electrique de la Côte d'Ivoire.

Todos os historiadores que pretendem estabelecer a verdade sobre a introdução de um sistema multipartidário no nosso país devem, por dever de verdade, não esquecer o papel desempenhado pela Energie Electrique de la Côte d'Ivoire em 1990.

Assim, como se vê, a privatização da Energie Electrique de la Côte d'Ivoire foi mais uma **sanção** contra os trabalhadores da empresa do que qualquer outra coisa. Nestas condições, não foi possível qualquer preparação, não foi feita qualquer referência a nível mundial, não foi procurada qualquer perícia.

A distribuição comercial, a produção e o transporte foram transferidos para o novo grupo.

IV. 1.3 - Escolha de um modelo de privatização

A convenção de 15 anos assinada com o grupo BOUYGUES em outubro de 1990 expira em setembro de 2005.

Foi posteriormente renovado em 2005 por um período de 15 anos.

Sob o pretexto da liberalização, o monopólio estatal transformou-se num monopólio privado, o que é tanto mais perigoso quanto este último é apoiado por uma potência estrangeira.

É uma ilusão acreditar que somos os vencedores desta operação.

Vale a pena recordar que, antes da privatização, o sector da eletricidade valia **500 mil milhões de francos CFA**. O que é enorme.

Esta importância sublinhada requer muito mais atenção.

Verá que, nestes grandes países capitalistas, não existe liberalização "descontrolada". E quando se trata de energia, que é um sector estratégico, o Estado continua a controlar a produção, o transporte e a circulação da energia.

A melhor forma de privatização deveria dizer respeito apenas à concessão **da distribuição**, ou seja, à parte **comercial**.

Neste caso, a desregulamentação significa que várias empresas têm de competir ao máximo, o que significa que o preço por quilowatt-hora pode ser reduzido.

Estas empresas (três no máximo) serão apenas responsáveis pela distribuição de eletricidade à população num contexto de concorrência.

Para tal, devem **comprar** eletricidade ao Estado, que manterá o controlo da produção, do transporte e da circulação da energia.

Todos os locais de produção existentes devem ser reabilitados no âmbito de um quadro negociado.

A longo prazo, temos de rever o contexto de todas as empresas de produção: C.I.P.R.E.L., AZITO ENERGIE e AGGREKO).

Isto deve ser feito num quadro em que o investidor, ao mesmo tempo que obtém um retorno, permite que o Estado continue a ser soberano neste sector estratégico da energia eléctrica.

Em todos os casos, o Estado será sempre o único responsável pela venda, pelo transporte e pela circulação da energia, tanto a nível nacional como internacional.

Só o Estado deve assegurar :

- Regulamento ;
- Regulamentação e controlo do direito à habitação ;
- Gestão de activos.

Por conseguinte, só um organismo forte, credível, com uma missão precisa e que represente o Estado o pode fazer.

Após a tentativa de privatização (venda) de 1990, que conduziu à criação da C.I.E., o que restou da Energie Electrique de la Côte d'Ivoire teve de assegurar a gestão dos activos e, sobretudo, respeitar o acordo que ligava a nova empresa ao Estado.

Em 90-99, a Energie Electrique de la Côte d'Ivoire (180 trabalhadores) falhou em todos os aspectos.

Por razões de gestão e, sobretudo, por razões pessoais, **a E.E.C.I.-patrimoine** perdeu a sua vocação e afastou-se da missão que lhe foi confiada pelo Estado, a saber :

- Controlo e monitorização da produção convencional: 2019 Gwh ;
- Pagamento de royalties ao Estado ;
- Aplicação do Contrato de Concessão.

Assim, perante as insuficiências do aparelho de Estado, o CIE tornou-se juiz e júri.

Confrontado com um balanço claramente negativo, o Governo, antes de 24 de dezembro de 1999, considerou oportuno liquidar a **E.E.C.I.-património** e criar em seu lugar, em 1998, **três novas empresas que desperdiçavam o orçamento**:

- S.O.P.I.E. (Société d'Opération Ivoirienne d'Electricité); cerca de 60 trabalhadores;
- S.O.G.E.PE. (Société de Gestion du Patrimoine du secteur de l'Electricité); cerca de 30 a 40 agentes;
- A.N.A.R.E. (Agence Nationale de Régulation); cerca de 30 agentes.

Como se pode ver, as funções essenciais da E.E.C.I.- patrimoine foram repartidas entre estas três empresas.

Na minha opinião, tendo em conta a dimensão de cada empresa (as três juntas têm menos de 200 trabalhadores), o Estado teria ficado melhor sem :

- Três Presidentes do Conselho de Administração;
- Três diretores executivos;
- Três, etc.

Com a triplicação de toda a logística, as três células foram muito dispendiosas para o Estado, com poucos resultados.

ᵉDurante a reforma do sector da eletricidade em 2011, a Côte d'Ivoire Energies (CI ENERGIES) foi criada a partir da dissolução e fusão da SOPIE e da SOGEPE.

IV. 2 - A CIE e a sua gestão: mito e realidade

Por último, deve ser chamada a atenção dos decisores para o sistema de transferência dos trabalhadores da CIE para a SODECI e vice-versa, bem como para o sistema de empresas-fantasma.

Aquando da criação do CIE, era evidente que a Energie Electrique de la Côte d'Ivoire (EECI) dispunha de um vasto leque de mais de 400 quadros de alto nível, fruto de uma sólida política de planificação da formação dos recursos humanos.

Nessa altura, todos os anos, os diretores da Energie Electrique de la Côte d'Ivoire, na sua vontade de assegurar o futuro da empresa, atribuíam bolsas de estudo aos melhores alunos do ensino secundário selecionados em algumas escolas secundárias do nosso país.

Mais tarde, à medida que o custo da formação se tornava cada vez mais caro, os mesmos responsáveis tiveram a ideia de construir uma escola bilingue de alto nível, **a ESIE** (Ecole supérieure d'ingénieur en électricité), no local, no Centro de Formação das Profissões Eléctricas. É por isso que os postos de trabalho dos diferentes departamentos e divisões da Energie Electrique de la Côte d'Ivoire puderam ser marfinenses sem grandes dificuldades.

Deste modo, o rácio de gestão da Energie Electrique de la Côte d'Ivoire foi reduzido para um nível elevado em comparação com outras empresas do mercado em geral e da SODECI em particular.

Por conseguinte, foi fácil para os novos compradores (BOUYGUES), que já eram proprietários da SODECI, recorrer a este grupo de quadros superiores da Energie Electrique de la Côte d'Ivoire para aumentar o nível de gestão muito baixo da SODECI.

O princípio em si é positivo, na medida em que permite aos agentes de ambas as empresas partilharem as respectivas experiências.

Mas há um problema quando a entidade que transfere (CIE) paga em vez da entidade (SODECI) que recebe o agente.

Ligada ao Estado por um contrato de concessão, a CIE, que nunca aceitou de bom grado manter todo o pessoal no local, procura **formas** de se manter vencedora.

Consequentemente, todos os empregados, especialmente os gestores transferidos da CIE para a SODECI, continuam a receber os seus salários e benefícios da CIE.

Ao gerirem desta forma, contra toda a ética contabilística, é fácil para estes gestores, durante as várias negociações, fingir que os custos, especialmente os custos de pessoal, permanecem muito elevados na CIE, permitindo-lhes assim obter lucros.

Outro aspeto que gostaria de voltar a referir é a formação.

De facto, neste domínio, a CIE, que não veio para "olhar para a lagoa", está a fazer roupa pronta a vestir.

A CIE utiliza pessoal de origem local e ignora a formação.

Desde então, todas as estruturas de formação que constituíam o orgulho da Energie Electrique de la Côte d'Ivoire e de toda a Costa do Marfim caíram em desuso.

Penso que é importante olhar para esta questão, porque é importante para o desenvolvimento do nosso país.

Da mesma forma, os nossos decisores devem analisar urgentemente o conteúdo dos **protocolos** que ligam o Estado aos diferentes produtores privados de eletricidade.

Com efeito, segundo certas cláusulas destes contratos, o Estado é obrigado a derramar a água, que tanto nos custou a ganhar, das nossas barragens hidroeléctricas, que apenas produzem 20% da sua capacidade, deixando o caminho livre para que a CIPREL, a CINERGY e outros enriqueçam à nossa custa.

Há aqui dois pontos a salientar:

1) Como o enchimento das barragens é cíclico (ligado às estações das chuvas), seria mais sensato e económico utilizá-las durante esses períodos até um certo limite, antes de recorrer exclusivamente a outras fontes.

2) Porque, se continuarmos a funcionar com uma capacidade inferior à capacidade total, as nossas barragens de água acabarão por **"sufocar"** e não conseguirão responder quando precisarmos delas.

Para completar, é necessário acompanhar de perto a gestão da conta do **FNEE (Fonds National d'Energie Electrique - Fundo Nacional de Energia Eléctrica)**, que é a conta na qual são creditados os royalties pagos pela CIE.

A gestão de todos os activos deixados pela Energie Electrique de la Côte aquando da sua privatização, bem como a própria liquidação, devem também ser objeto de uma análise um pouco mais aprofundada.

Estas, caros decisores, são algumas das ideias que tenho vindo a refletir sobre a privatização, que está a ser utilizada como uma forma de **vingança** contra todos os trabalhadores da Energie Electrique de la Côte e, por conseguinte, contra o nosso país.

Conheço bem o problema, pois, na qualidade de responsável técnico desta empresa, assisti a todas as infelizes convulsões do sector da eletricidade, de que a Energie Electrique de la Côte era o porta-estandarte.

Este facto é em grande parte responsável pelo colapso da nossa economia.

Muitas empresas derivadas e auxiliares dependiam da Energie Electrique de la Côte para a sua subsistência.

V - MELHORAR OS NOSSOS MÉTODOS DE ENSINO

V. 1 - Introdução

Uma análise objetiva do nosso sistema educativo leva-nos a pôr em evidência as nossas deficiências, tanto internas como externas ao sistema.

Nesta secção, analisaremos uma série de questões que têm de ser resolvidas se quisermos ter um sistema de elevado desempenho.

V. 2.1 - Distribuição geográfica das escolas

Inicialmente, esta distribuição apresentava uma distorção flagrante. Atualmente, a distorção é menor, mas o fenómeno mantém-se: a taxa de escolarização no ensino primário varia entre 97%, ou mesmo 100%, e 25 ou 50%, consoante o departamento.

A educação não é exceção a esta distorção.

É certo que estas variações podem ser explicadas por razões históricas, por diferenças de rendimento da população, por reacções mais ou menos favoráveis à escolarização na região em questão. Podem também ser explicadas pelo facto de o planeamento da localização das escolas não ser, sem dúvida, irrepreensível.

V. 1.2 - Análise da pirâmide escolar

Uma análise da pirâmide escolar do nosso sistema educativo mostra que existem originalmente dois estrangulamentos: na transição do ensino primário para o ensino secundário e na transição do ensino secundário inferior para o superior.

O que acontece, então, aos jovens que terminam o ensino primário e que se apressam a entrar no ensino secundário e não conseguem passar o Brevet ou ir para o ensino superior?

Alguns deles acham que vale a pena prosseguir os estudos, que se adaptam melhor à sua maneira de pensar. Mas e os outros?

Uma grande parte das crianças, se não todas, que terminam os seus estudos, ou mesmo que os ultrapassam, deveriam encontrar uma formação final (orientação para evitar os estrangulamentos) que lhes dê os instrumentos necessários para se integrarem na vida ativa.

Perante todos estes problemas, tanto endógenos como exógenos, que assolam o nosso sistema escolar, e perante a nova situação do nosso país, gostaria de dar o meu contributo para a procura de um sistema de alto rendimento.

V.2 - Mestrado em ensino privado

Idealmente, com mais recursos, o Estado deveria ajudar a alargar as estruturas de acolhimento de crianças, para que nenhuma criança seja deixada para trás por falta de espaço.

Para além das numerosas escolas secundárias e dos cursos complementares construídos no início da nossa independência, existem atualmente vários liceus profissionais: Odienné, Gagnoa, Man, Yopougon, Jacqueville, Grand Lahou, Daoukro, etc., e centros técnicos: Bondoukou, Abengourou, Yamoussoukro, Man, Adzopé, Daloa, etc.

Desde então, devido à falta de recursos, o Estado só conseguiu criar ocasionalmente outras infra-estruturas de grande dimensão.

Para colmatar esta lacuna, o Estado optou por recorrer ao ensino privado: ensino secundário e ensino técnico superior.

No Ministério da Educação, foi criada uma Direção do Ensino Privado para melhor servir os vários movimentos:

O sistema escolar continuou a andar sobre duas pernas:

Um era o ensino privado, que estava a tornar-se cada vez mais longo, e o outro era o ensino público, que estava a ficar atrofiado. Como resultado, o sistema tende agora a tornar-se unilateral.

Hoje, podemos constatar que, na ausência de um verdadeiro controlo do mecanismo em vigor, o sistema contribuiu para o enriquecimento concertado de certos actores dos ministérios.

Devido à sua incapacidade de planear novos edifícios ao longo do tempo, o governo ficou atolado num beco sem saída em que gasta milhares de milhões todos os anos no ensino privado.

Felizmente, em 1985, com o advento da comunalização, alguns municípios vieram em auxílio do Estado com a criação de colégios.

No cômputo geral, sem estar no segredo dos deuses, pensamos que o Estado é largamente prejudicado por esta política.

Na nossa opinião, o financiamento dos estudantes e dos alunos afectados às escolas privadas deve assumir duas formas:

- Subvenção ao investimento ;
- Cuidar dos professores, alunos e estudantes afectados.

V.2.1 - Subvenção ao investimento :

Deveria ser considerado pelo Estado como uma recompensa a todas as escolas privadas que, partindo de um programa de desenvolvimento, passassem à sua execução. Antes da intervenção do Estado, o esforço efectuado com fundos próprios deveria atingir 10% do programa de extensão previsto.

Nestas condições, o Estado libertará a sua contribuição em função da evolução dos trabalhos, até ao limite de 50% do montante total.

Quadro de subvenções ao investimento

Fases	Situação	Fundador	Estado	Acumulado
1	Partida	10%	25%	35%
2	35%	15%	25%	75%
3	75%	25%	0%	100%

N.B.: O Estado deve velar por que os custos dos trabalhos sejam controlados pelo B.N.E.D.T., que será igualmente responsável pelo controlo.

V.2. 2 - Tratamento

V.2.2.1 - Professores em missão

Para além dos professores designados pelo Estado, estas escolas públicas recrutam os seus próprios professores e pagam-lhes de acordo com as suas próprias tabelas salariais. Estas tabelas salariais são muitas vezes caprichosas e específicas de cada estabelecimento.

Os professores em missão, libertados ou não, são pagos de acordo com a tabela salarial da função pública.

Nestas condições, para não prejudicar o professor recrutado, o Estado compromete-se a pagar à escola em causa a diferença entre o salário da função pública e o salário interno da escola.

Serão efectuados controlos sem aviso prévio para garantir que os montantes a pagar chegaram efetivamente ao seu destino.

V.2.2.2 - Estudantes e alunos afectados

Uma vez que a escola é, antes de mais, uma empresa com fins lucrativos, todos os que entram, quer sejam ou não empregados da escola, devem pagar as suas propinas.

O financiamento estatal deve basear-se nas propinas publicadas.

De um modo geral, o Estado paga os alunos que são admitidos mais tarde do que os outros. Assim, para não penalizar os estabelecimentos de ensino que aceitam ensinar os alunos afectados a **crédito**, o Estado deve aumentar em **25%** as propinas de cada aluno afetado.

Exemplo:

Aluno / Estudante não atribuído	**Estudante afetado**	
100.000	Bónus	Escola
	25.000	125.000

Deve ser estabelecido um controlo eficaz para verificar fisicamente a presença nas escolas dos estudantes e dos alunos afectados. O Estado só deve pagar os estudantes que estejam efetivamente presentes.

Deve ser feito um esforço para permitir que os estudantes e os alunos afectados estejam no local ao mesmo tempo que os não afectados, se não pelo menos duas semanas depois de os não afectados terem efetivamente regressado, de modo a que os lugares não ocupados sejam libertados para evitar que o Estado pague desnecessariamente.

Nestas condições, a escola terá tempo para recrutar outros candidatos em substituição dos que não estiverem presentes após o prazo.

V.3 - Melhorar o ensino público

V.3. 1 - Da Universidade

Desde a sua criação, a Universidade da Costa do Marfim tem sido uma referência para o ensino superior em África em geral e para a sub-região em particular.

A prova está na presença efectiva, regular e significativa de estudantes de outros países africanos na Costa do Marfim para estudos de alto nível.

Para além desta presença, que aumentou ainda mais com a multiplicação dos numerosos focos de conflito em África, todos os anos se juntam novos titulares de diplomas nacionais de bacharelato, contribuindo assim para a sobrecarga das infra-estruturas de acolhimento.

Além disso, estes factores, combinados com os numerosos conflitos sociais e outros problemas políticos e pedagógicos no campus, continuaram a afetar e a deteriorar consideravelmente o nível do ensino.

Para restaurar a reputação da nossa Universidade, foram propostas várias soluções, principalmente para aliviar a sobrelotação. Gostaria de participar neste debate.

É urgente criar universidades regionais que respondam às necessidades de desenvolvimento socioeconómico das regiões.

Todos sentem essa necessidade, porque a universidade, enquanto cadinho de conhecimento e de abertura, continua a ser mais do que essencial para um desenvolvimento integrado e partilhado entre as regiões.

Sendo a criação de universidades regionais um postulado, proponho-me dar aqui um modesto contributo no que respeita à sua concretização no tempo (curto, médio e longo prazo).

Atualmente, apesar dos 60 anos de independência, as nossas infra-estruturas universitárias continuam a concentrar-se nas grandes cidades (Abidjan, Bouaké, Yamoussoukro).

Tendo em conta o contexto económico, recomendamos, a **médio prazo**, a criação de universidades regionais em círculos concêntricos, com base nas fronteiras administrativas.

Neste processo, as universidades existentes numa região de um determinado agrupamento serão responsáveis por incentivar a criação de novas universidades noutras cidades da região administrativa.

Sabemos que, a nível do ensino nacional, foram criadas zonas para facilitar a organização de concursos e exames.

Assim, para alargar a ação já iniciada, sugerimos que se estendam as zonas existentes às regiões das universidades a criar, para simplesmente constituir **Academias** com todas as vantagens que isso implica.

Outros factores controláveis que nos permitirão aliviar a sobrelotação das nossas universidades são as taxas de inscrição dos estudantes estrangeiros.

De facto, estudos muito sérios demonstraram que, em comparação com outras universidades em África, as propinas dos estudantes estrangeiros nas nossas universidades continuam a ser muito baixas.

Esta situação, que é suscetível de atrair um grande número de estudantes estrangeiros para o nosso país, deve ser revista rapidamente.

A vontade política de **aumentar** significativamente as propinas para os estudantes estrangeiros terá o efeito benéfico de abrandar o fluxo de saída da nossa população estudantil.

Tendo em conta as taxas praticadas noutras universidades, e em relação ao crescimento galopante da nossa população estudantil, recomendo que a taxa de inscrição mais baixa para os estudantes estrangeiros seja fixada em **Quinhentos Mil Francos (500.000 FCFA).**

Recordo que a crise do nosso sistema educativo remonta à primeira reforma do Ministro USHER Assouan.

Desde então, cada Ministro da Educação propôs a sua própria reforma. Mas, curiosamente, nenhuma destas numerosas reformas foi posta em prática, e não sabemos porquê.

Perante esta situação lamentável, é com tristeza que constatamos que o nosso sistema educativo continua a progredir com os seus defeitos degenerativos originais, que dão pelo nome de **desgaste.**

O desperdício, que está essencialmente ligado à falta de instalações de acolhimento, ocorre em três níveis de orientação ou portas de entrada:

Entrada em Sixième,

Entrada para a Seconde,

Entrada na universidade.

As pontes a estes três níveis são mais do que indispensáveis para a coexistência dos dois ciclos de ensino: o ciclo longo e o ciclo curto, em função das capacidades e das disposições dos aprendentes.

A falta de capacidade de acolhimento tem, por conseguinte, consequências mais do que nefastas para o nosso sistema educativo, uma vez que contribui para o aumento da população de abandono escolar que enche cada vez mais as ruas das nossas grandes cidades, nomeadamente Abidjan.

O desperdício excessivo de pessoal foi sempre uma preocupação constante para as autoridades.

É, pois, mais do que urgente que os nossos governos se debrucem sobre este grave problema do abandono escolar, que é uma dádiva de Deus para todos os aventureiros que sonham em desestabilizar os nossos frágeis Estados em nome de uma qualquer ideologia obscura.

Gostaria de salientar que o nosso país, que sempre foi considerado um país agrícola, tem atualmente apenas uma escola agrícola, em Bingerville.

A fim de encorajar as pessoas a enveredar por diferentes carreiras e de assegurar a sucessão de trabalhadores agrícolas qualificados, recomendo a criação de uma **escola agrícola por região** e de um **centro agrícola** por departamento.

Por conseguinte, será necessário efetuar um inventário a partir de agora, a fim de estabelecer um calendário de execução do programa.

Na mesma linha, na Universidade ABOBO-ADJAME, o sistema de currículos de base apelidado de **"Common Grave"** pelos estudantes não está a ajudar.

Todos os anos, este sistema altamente seletivo, que abrange vários cursos:

Medicina, Odontostomatologia e Farmácia, envia milhares de estudantes para a rua sem que ninguém se comova. Mas, a longo prazo, são **potenciais bombas** que não hesitarão em explodir.

Por exemplo: num ano letivo com pelo menos 3 000 alunos, apenas 3 a 4% serão declarados elegíveis para passar a barreira.

O maior contingente, mais de 2.800 estudantes, ficará para trás. Os mais sortudos serão aceites com dificuldade noutros cursos, após dois anos perdidos.

Para que conste, gostaria de salientar que, para estes mesmos estudos, as universidades da Costa do Marfim são as únicas a aplicar este sistema **de quotas** draconiano e suicida.

As universidades do Togo, do Benim, do Burkina-Faso e do Senegal, para citar apenas algumas, não têm este sistema iníquo. Aqui, uma vez selecionado, o estudante pode inscrever-se diretamente no curso escolhido.

Penso que as pessoas têm de compreender que há **outra forma de governar**, que é tomando decisões pró-activas e populares, como a abolição do famoso **Núcleo Comum**.

V.3. 2 - Reuniões gerais

Uma vez resolvidos estes nós górdios a curto prazo, os **Estatutos Gerais** da Educação, atualmente em curso, terão de enfrentar de frente todos os problemas da escola.

Isto é absolutamente necessário porque :

- A população escolar em constante crescimento;
- Condições económicas cada vez mais difíceis;
- A evolução crescente da gestão ;
- Estes cortes terão um impacto nos vários capítulos do orçamento de Estado;
- Grandes mudanças no mercado de trabalho.

O Presidente da República deve poder declarar **corajosa**, **solene** e **publicamente** perante a nação que o governo já não está em condições de empregar todos os jovens que saem das nossas escolas. O papel do Estado limitar-se-ia, assim, a assegurar que a formação recebida na escola responde às necessidades reais do mercado de trabalho.

Assim sendo, o Estado deve agora envidar todos os esforços para mobilizar todos os seus recursos humanos e materiais para garantir que os filhos e filhas deste país recebam uma boa educação.

O Estado deve tomar todas as medidas necessárias para **quebrar** todos os **grilhões** e **constrangimentos** associados no passado a rubricas orçamentais que tiveram um impacto negativo nas taxas de aprovação nos vários exames.

A fim de evitar qualquer ambiguidade, e por uma questão de equidade, pensamos que é importante especificar que todos os estudantes funcionários públicos que estão em formação depois de terem passado um concurso público, tais como trabalhadores da saúde, assistentes sociais, funcionários da defesa e segurança, funcionários aduaneiros, funcionários das águas e florestas, etc., não serão afectados, especialmente porque concorreram ao número de lugares já orçamentados.

Esta posição, longe de ser vista como uma confissão de impotência, é para mim um apelo à tomada de **consciência colectiva**, a partir da qual todos os actores - governo, pais, alunos, parceiros sociais, etc. - saberão doravante qual é a sua posição.

De uma vez por todas, os jovens, a esperança do futuro, devem saber que nem tudo lhes será servido numa bandeja de ouro. Por conseguinte, têm a obrigação de desempenhar um papel ativo no seu próprio desenvolvimento, assumindo as suas responsabilidades.

VI- EQUIPAMENTO RURAL

VI. 1 - Declaração do problema

Tal como em muitos outros domínios, o nosso país continua a ser um líder na sub-região.

De facto, apesar de algumas dificuldades, no final de junho de 2020, tínhamos uma taxa de eletrificação de 73,6%.

Foram certamente envidados esforços significativos, mas há que dizer que, dadas as ambições de emergência do nosso país e o enorme potencial de que dispomos, temos ainda um longo caminho a percorrer.

Neste país, temos demasiadas vezes tendência para nos compararmos com os nossos vizinhos da sub-região quando se trata de desenvolvimento. Mas a comparação não é a razão.

Não é que tenhamos de nos virar contra nós próprios, mas primeiro temos de

- comparar o nível de desenvolvimento das nossas regiões;
- Destacar as nossas disparidades ;
- lutar e garantir a justiça social, antes de olhar para o exterior.

A melhoria crescente das condições de vida dos cidadãos da Costa do Marfim, uma das principais preocupações das autoridades do nosso país, exige uma melhoria do seu ambiente de vida, especialmente nas zonas rurais.

O ordenamento do território e as questões ambientais estão, por conseguinte, no centro de todas as preocupações em matéria de desenvolvimento.

Desde a independência, e mesmo antes, a importância do ordenamento do território, com o seu corolário de desenvolvimento económico, social e cultural, foi claramente percebida.

Foram criadas infra-estruturas económicas:

- Rede de estradas e pistas ;
- Eletrificação de cidades e aldeias ;

- Construção de barragens e reservatórios de água para uso agrícola e pastoril;
- Melhorar a habitação rural.

Foram igualmente adoptadas disposições legais:

- Adoção de um código florestal ;
- Introdução de disposições relativas à gestão racional das florestas ;
- Definição de um código de solos (não promulgado)

Mas o que é importante aqui é destacar e desenvolver:

- Eletrificação de cidades e aldeias ;
- Melhoria do alojamento rural ;
- Melhorar a cobertura da rede telefónica nas zonas rurais.

Com efeito, os diferentes planos quinquenais sempre previram acções nestes e noutros domínios.

Por isso, gostaria de vos convidar a analisar atentamente tudo o que foi feito até agora, a fazer um balanço e a corrigir eventuais erros ou insuficiências.

luz destas conclusões, as novas orientações devem consistir em garantir que :

Que a eletrificação rural e a telefonia cheguem a todas as aldeias para que o maior número possível de marfinenses possa beneficiar do bem-estar daí resultante;

A habitação rural deve ser considerada uma prioridade, para que todos os marfinenses possam ter uma casa decente a um **custo mais baixo** nas zonas rurais.

VI. 2 - Habitação rural, eletrificação, abastecimento de água e telefonia

Agora que o balanço foi feito, e com uma determinação renovada de estender a comunalização, com todas as suas promessas, a todos os recantos do nosso país, recomendamos aos governantes que tomem iniciativas enérgicas para modernizar as aldeias, em particular nos domínios do reagrupamento das aldeias através da preparação de plataformas de aldeia, de bairros sociais e da construção de habitações decentes nas zonas rurais.

Só conseguiremos combater eficazmente o êxodo rural se introduzirmos todos os factores de modernidade susceptíveis de manter os nossos bravos camponeses nas suas terras.

Os nossos dirigentes devem, portanto, criar (se ainda não existir) um **Fundo de Apoio à Habitação (FSH),** mantendo-se vigilantes quanto à sua gestão para garantir uma melhor distribuição.

Neste contexto, e para reduzir os custos acessórios da construção, o governo deve incentivar a utilização de **materiais locais (geoconcreto)**. Deve promover a utilização desses materiais através de exemplos no terreno, na construção de edifícios públicos (ver o exemplo da Prefeitura de Toumodi).

O governo deve garantir que :

- Programas de abastecimento de água às aldeias e de água potável;
- Uma política de responsabilização dos habitantes das aldeias que beneficiarão dos poços, através de formação, sensibilização e educação;
- Programas de saneamento nas zonas rurais ;
- Reforço das medidas de monitorização e proteção da água e, por último, ;
- Implementação de um programa de saneamento de baixo custo e de educação comunitária.

No que diz respeito à eletrificação rural, é de salientar que, até agora, os estudos, o tipo de equipamento e os custos de implementação têm sido demasiado sofisticados, pesados e **caros**.

Para que a grande massa da população rural possa beneficiar das vantagens da vida moderna, os nossos governos terão de procurar reduzir os custos dos factores.

Para tal, as missões de estudo a países como o GANA, a NIGÉRIA, o CANADÁ, etc., ajudarão a criar **modelos muito económicos que** nos permitirão alargar o desenvolvimento horizontal e em profundidade nas nossas zonas rurais.

Por exemplo:

Estes debates sublinharão o facto de que, até à data, o custo de eletrificação de uma aldeia no nosso país, nas condições acima descritas, significa que podemos eletrificar pelo menos duas aldeias no Gana, se não mais.

VI. 3 - Procura de modelos de negócio adequados

A este respeito e no âmbito desta contribuição, li com muito interesse, no capítulo intitulado **"ENQUÊTES ET REPORTAGES"** **("Inquéritos e Relatórios")** do **JEUNE AFRIQUE économique n° 243 de 16 de junho de 1997,** um artigo muito esclarecedor **de Jeanne TIETCHEU** intitulado **ÉLECTRICITÉ: Les Services de base bientôt à la portée de tous?**

Gostaria de partilhar o essencial do que estou a dizer, com vista a tirar as melhores conclusões para o nosso futuro neste domínio.

[Dois gigantes europeus do sector da eletricidade associaram-se para estudar a criação de **empresas rurais descentralizadas,** um conceito muito original de empresa privada destinada a distribuir serviços essenciais nas zonas rurais.

Os estudos e as experiências realizadas nos últimos vinte anos permitiram concluir que é tecnicamente possível fornecer água, luz, serviços audiovisuais e telefónicos em **regime de repartição**, utilizando energia proveniente de múltiplas fontes (eólica, térmica, hidráulica, fotovoltaica, etc.).

Denominado **eletrificação rural descentralizada**, este **sistema** é uma dádiva de Deus, como relata **Jeanne TIETCHEU**, para os países em desenvolvimento que não dispõem de recursos para instalar uma rede telefónica ou eletrificar as suas vastas zonas rurais.

A eletrificação rural descentralizada está longe de ter arrancado em grande escala em África. Pelo contrário: em muitos países africanos, onde 60% a 80% da população vive em zonas rurais, apenas 7% têm acesso à eletricidade. A África do Sul é a exceção, com 35%.

Para responder a esta necessidade, a Electricité de France (EDF) e a sua homóloga neerlandesa Nuon desenvolveram o conceito de "**empresa de serviços descentralizados**" .....

Uma vez realizado o investimento de base, a **empresa de serviços descentralizados** deve poder financiar-se e oferecer um serviço de base capaz de manter o tecido económico em países onde a ausência de meios de comunicação modernos impede o sector rural de realizar investimentos produtivos ou de aumentar o seu valor acrescentado. O sistema é simplificado pela existência de um único ponto de contacto. E, segundo os seus iniciadores, o seu custo é adaptado à dimensão da carteira dos agricultores.

Um estudo realizado no Mali constatou que a iluminação de uma casa familiar através da rede eléctrica tradicional custava em média 30.000 FCFA por mês. Um processo que a Nuon considera dispendioso e pouco respeitador do ambiente. Embora ainda não seja possível saber quanto custará fornecer aos utilizadores malianos todos os serviços em questão, a Nuon e a EDF acreditam que a **empresa de serviços descentralizados** deverá oferecer serviços muito mais extensos a um custo mais baixo.

Em Marrocos, foi lançado há quatro anos um programa-piloto de eletrificação rural descentralizada. No Burkina Faso, a experiência do Centre de communication et d'activités (CCA), uma espécie de "estação de serviço" paga, onde toda a aldeia se pode encontrar para ver um filme, tomar uma bebida fresca ou simplesmente fazer uma chamada telefónica, convenceu imediatamente a EDF de que a experiência merecia ser prosseguida. No Mali, um centro que serve as aldeias de Massala e Ntokonasso, construído com o apoio de uma associação de migrantes malianos, foi inaugurado em 9 de maio de 1997.

Em julho de 1996, a EDF deu o seu acordo de princípio para a **criação de uma empresa de serviços descentralizados** que abrangeria cerca de vinte aldeias da zona algodoeira do Mali (no sul do país). Um mês mais tarde, a empresa francesa recebeu a autorização do Ministério das Minas, da Energia e da Hidráulica do Mali.

A Nuon, que já está envolvida em vários projectos de desenvolvimento no vale do rio Senegal, só aderiu ao conceito de **empresa de serviços descentralizados** em janeiro de 1997, sob a pressão de Anne-Marie Goedmakers, antiga deputada europeia e atual diretora do departamento de energias renováveis da Nuon, uma empresa que já tem uma longa experiência em multisserviços (é a única na Europa a fornecer aquecimento, eletricidade, cabo, água e gás a mais de um milhão de assinantes).

A convenção assinada em 23 de abril de 1997 em Bruxelas entre a EDF e a Nuon prevê o lançamento de um estudo de viabilidade de 200 milhões de FCFA em 20 aldeias da zona algodoeira do Mali. Dezasseis investigadores de empresas de viabilidade do Mali, dois representantes da **Nuon** e outros tantos do **FED** deverão estudar o potencial técnico no terreno. Tratar-se-á igualmente de avaliar os problemas que a organização de uma tal **empresa de serviços** colocaria. O que está em causa não é a rentabilidade, mas a gestão do sistema", comenta Guy Marbeuf, responsável pela eletrificação rural nos países em desenvolvimento na EDF. O Centro de Comunicação e de Actividades criado no Burkina Faso mostrou que as populações locais estavam muito interessadas na criação de uma empresa **de serviços descentralizada** e que esta poderia ser perfeitamente rentável. Mas a gestão comunitária está a revelar-se difícil e estamos a considerar a possibilidade de recorrer a um gestor privado.

O estudo de viabilidade deverá igualmente determinar a viabilidade institucional da empresa. Para já, os principais intervenientes falam de "uma estrutura acionista baseada em parceiros credíveis".

Um conceito vago que não especifica o papel dos parceiros institucionais (Banco Mundial, União Europeia, etc.) dos dois grupos europeus e do governo maliano.

O Secretário-Geral do Ministério das Minas, Energia e Hidráulica reconheceu perante o Parlamento Europeu que "a eletrificação rural continua a ser uma prioridade que faz parte da organização e dos planos de desenvolvimento da sociedade maliana. Mas a realidade é que "os recursos de que a EDM dispõe não lhe permitem encarar a hipótese de investir nas aldeias em causa, mesmo a muito longo prazo". Assim, se os resultados do estudo de viabilidade forem conclusivos, e se o terreno estiver livre, caberá à EDF e à Société NUON encontrar financiamentos suplementares junto de instituições internacionais e de outros parceiros privados para obter os 6 mil milhões de francos CFA necessários à criação da **empresa de serviços**. Fim de citação].

O que eu gostaria de mostrar é que se pode conseguir grandes coisas com muito pouco, desde que se saiba utilizá-lo metodicamente, como é o caso aqui.

Por conseguinte, recomendo a criação de um comité ministerial liderado pelo **Conselheiro Especial** para o Desenvolvimento Industrial, Minas e Energia ou por qualquer outro perito designado para realizar o trabalho de recolha e coordenação de informações e **elaborar o projeto** a apresentar às agências de financiamento para financiamento.

VII - REORGANIZAÇÃO DA MÃO-DE-OBRA LOCAL

VII. 1 - O êxodo rural e as suas consequências

O desenvolvimento da nossa sociedade conduziu a um desequilíbrio económico caracterizado por uma importância demográfica anormal das zonas urbanas em geral, e da capital em particular, em relação ao seu potencial de emprego.

De facto, a criação e o estabelecimento da administração em certas regiões do nosso país, com o seu séquito de funcionários públicos, criou pólos de atração para as populações rurais, com base no sustento relativamente fácil que lhes oferecem os familiares ligados à função pública.

O aumento da população dos centros urbanos deve-se também ao facto de o sector privado, que aí se desenvolve, oferecer algumas oportunidades de emprego.

A chegada das famílias trabalhadoras e de todas as pessoas que lhes estão associadas criou um fluxo unidirecional do campo para as cidades, fluxo esse que se acentua à medida que as cidades crescem. Desde então, o nosso campo foi e continua a ser esvaziado das suas pessoas fisicamente aptas.

VII. 2 - Organização da mão de obra local: Conclusões

Verificou-se que os marfinenses estão a fugir dos pequenos ofícios e dos trabalhos manuais para os escritórios.

Mas como os mercados das cidades, que viviam quase exclusivamente de salários, continuavam a ser insuficientes, o resultado foi um excesso de mão de obra de todo o género que, não encontrando trabalho, vivia do salário dos que trabalhavam.

Como resultado da nossa tradição comunitária, por um lado, uma grande parte dos jovens das cidades está desempregada e não desempenha qualquer papel na construção da nação e, por outro lado, a parte ativa da população vê a sua capacidade de poupança e de investimento reduzida por encargos familiares esmagadores. Esta situação, que se criou progressivamente com o desenvolvimento dos centros urbanos, é reforçada pelo nosso habitual desejo de solidariedade, que na realidade funciona como um travão à construção nacional e contradiz as causas profundas que forjaram a nossa solidariedade tradicional no passado.

Assim, mais do que nunca, a hospitalidade dos que trabalham é considerada como um dado adquirido pelos que não trabalham e, embora esta forma de solidariedade seja profundamente humana, não deixa de ser um verdadeiro incentivo ao **parasitismo**. O jovem que não tem nada com que se preocupar em termos de abrigo e de alimentação não faz praticamente nenhum esforço para criar um negócio para si próprio.

Este tipo de atitude, infelizmente demasiado comum, é reforçado pela relutância geral em aceitar **o trabalho manual**, que continua a ser visto demasiadas vezes como desonroso.

Com base na situação descrita acima, é fácil compreender porque é que os nossos corajosos agricultores estão tão desesperados por mão de obra para trabalhar nas suas plantações especulativas e porque é que só recrutam trabalhadores estrangeiros, a maior parte dos quais são oriundos da sub-região.

O nosso país, que retira a maior parte da sua riqueza da agricultura, tem o dever imperioso de melhorar a organização da sua **mão de obra local,** tanto em geral como especificamente na agricultura, para que continue a controlar o seu próprio destino.

Todos nós testemunhámos as dificuldades que os nossos agricultores enfrentam em termos de produção agrícola, uma vez que o nosso país tem sido assolado por perturbações sociopolíticas nos últimos tempos.

Todos sabemos que estes distúrbios são mais uma questão de intoxicação do que qualquer outra coisa. Apesar disso, uma **"quinta coluna"** está a chantagear e a manipular trabalhadores agrícolas estrangeiros para que abandonem o nosso país, a Costa do Marfim, com o objetivo de **desestabilizar o** nosso país.

Infelizmente, alguns mordem o isco e fazem as malas, o que não é bom para nós, especialmente neste clima económico sombrio.

Para não sofrer uma reação brutal, o governo deve aproveitar esta oportunidade para sensibilizar os costa-marfinenses para a nobreza do trabalho manual, até agora reservado aos estrangeiros.

Será muito difícil sair do círculo vicioso do subdesenvolvimento se a nossa sociedade não se libertar gradualmente das reacções do passado e do sentimentalismo culpado que encoraja o parasitismo e a preguiça.

Se quisermos valorizar o trabalho manual, nomeadamente na agricultura, temos de mudar as mentalidades.

Na nossa opinião, este novo salto nacional deve ser dado através da reorganização e da reintrodução do **Serviço Cívico**.

VIII - REINTEGRAÇÃO DO SERVIÇO CÍVICO

VIII. 1 - História do serviço cívico na Costa do Marfim

No início da nossa independência, em busca de um modelo de desenvolvimento que integrasse todas as forças vivas da nação, o Presidente HOUPHOUËT-BOIGNY regressou de uma visita oficial a ISRAEL e tomou a decisão histórica de instituir **o Serviço Cívico** na Costa do Marfim.

VIII. 2 - Objetivo do serviço cívico

Seguindo o exemplo de Israel, e tendo em vista a promoção do mundo rural, o **Serviço Cívico** surgiu como um projeto original e de grande alcance para o nosso país.

A promoção das massas rurais é a missão do serviço cívico. Trata-se de um programa de grande envergadura: adaptar e popularizar os métodos agrícolas modernos, assegurar a educação cívica e melhorar o nível intelectual das massas rurais através da alfabetização, elevar o nível de vida do país através do aumento da produtividade, evitar o êxodo rural permitindo que os camponeses se tornem proprietários de uma parcela de terra, ajudar a modernizar a habitação e, finalmente, assegurar a promoção das mulheres.

Criado em junho de 1961, **o serviço cívico** passou por várias fórmulas: inicialmente, foi fundido com as obrigações militares, depois foi separado do Exército e anexado ao Ministério da Agricultura e da Pecuária, tornando-se essencialmente uma **estrutura de formação de futuros agricultores**, antes de ser novamente assumido pelo Ministério da Defesa.

O seu principal objetivo é instalar jovens voluntários formados em métodos agrícolas modernos em terrenos limpos perto das suas aldeias, a fim de encorajar a transformação gradual do ambiente rural tradicional, incentivando os agricultores locais a adoptarem técnicas de produção modernas. Ao oferecer aos jovens recrutas a possibilidade de viver melhor da terra, com um rendimento mais substancial, este Serviço Cívico contribui também para travar o **êxodo rural**, um dos flagelos dos países em desenvolvimento.

O seu sucesso é o resultado de uma década de esforços e de tentativas e erros, que culminaram numa fórmula mais eficaz.

Introduzido oficialmente na Costa do Marfim em 12 de junho de 1961, **o serviço cívico** era inicialmente um serviço nacional prestado no quadro legal do exército.

Inspirado no modelo israelita, este primeiro conceito utilizava o contingente para **tarefas civis**. O seu objetivo consistia não só em desenvolver o sentimento nacional e o espírito cívico dos jovens, mas também em intensificar o cultivo de produtos alimentares e introduzir no mercado local produtos de consumo corrente que anteriormente eram importados. Simultaneamente, a utilização de métodos agrícolas modernos demonstrou a eficácia da agricultura mecanizada na Costa do Marfim.

Foram criadas cinco explorações agrícolas em Béoumi, Tahouara, Nagré, Bondoukou e Ferkessédougou, com 900 hectares de terreno para desenvolver.

Esta fórmula, por muito atraente que fosse, revelou-se ineficaz na Costa do Marfim; os jovens mostraram pouco entusiasmo em cultivar terras que não lhes pertenciam; a realidade na Costa do Marfim tinha, no conjunto, pouco em comum com a de Israel; havia também problemas de conservação e de venda da mercadoria...

Em janeiro de 1965, o Governo decidiu reorganizar o Serviço Cívico, que foi separado das Forças Armadas e passou a basear-se no voluntariado. **Sem qualquer preocupação política ou militar**, foram organizados campos de trabalho **para** jovens, **de preferência voluntários**, em colaboração com o

Ministério da Agricultura e da Pecuária. A ideia utópica do trabalho **gratuito** nos campos de trabalho comunitário foi abandonada. A partir de agora, o Serviço Cívico tem por objetivo formar os agricultores para desenvolverem uma parcela de terra em benefício próprio, difundindo ao mesmo tempo os princípios e as práticas da agricultura moderna.

Esta nova orientação significa que o Serviço Cívico está destinado a desempenhar um papel fundamental na economia nacional, e foi nesta perspetiva que foi tomada a decisão de o reorganizar.

Para o efeito, foi criado no Quartel-General das Forças Armadas, em Abidjan, um serviço à medida da operação. É dirigido por um diretor que, assistido por adjuntos, toma decisões e transmite as suas orientações aos diferentes corpos do Serviço Cívico de Bouaké. Estes últimos, através da intervenção dos seus meios mecânicos (maquinaria pesada, desbravamento e cultivo.), permitem a exploração de parcelas de terreno nas aldeias "tuteladas".

Na sequência destas muitas mudanças necessárias, foi decidido que era essencial proporcionar uma formação especializada a estes jovens nos campos: **a "Ecole des Cadres du Service Civique"**.

Graças a esta escola

"Oui patonlon", ou seja, romper com a mentalidade de escravo

Conhecimento do Mestre

Sem nos apercebermos, a colonização abriu o nosso mundo, alargou o nosso campo de visão, impondo-nos a sua cultura, a sua história e a sua geografia.

Passámos a conhecer o mestre na sua luz mais funesta e, na nossa posição de explorados e submissos, passámos a conhecê-lo, "o nosso inimigo", com a sua bênção.

A sua força, se é que existe força, e as suas fraquezas, e Deus sabe que ele tem fraquezas, foram reveladas em plena luz do dia. E, de dia para dia, quanto mais conhecíamos o conquistador, mais a nossa consciência, a consciência que faz soar o alarme, o despertar de um povo, se tornava mais aguda e mais excitada. Apesar da sua dura repressão, quanto mais ele escravizava a nossa consciência, queria a nossa docilidade, o cativeiro do nosso espírito, mais o grito do nosso coração, a voz da nossa África, exigia a luta, a emancipação, mesmo à custa do nosso sangue. Quanto mais ele queria escravizar-nos, domesticar-nos, mais a nossa consciência se libertava do seu medo, da sua cobardia, e mais tudo nos impelia a ter fé em nós próprios, em África. Hora a hora, dia a dia, a confiança que nos faltava regressava, a união que nos era estranha começava a surgir.

O mestre pensava que nos conhecia, mas tudo o que sabia sobre nós era a nossa fraqueza, e essa fraqueza era, na verdade, apenas uma expressão da sua própria fraqueza.

A história da colonização retratou o mestre, o conquistador, sob a sua luz mais agradável. Como um herói épico, marchou triunfante por toda a África, no meio de povos derrotados cuja resistência não passava de uma miragem. E não podia ser de outra forma, pois as caçadas eram narradas pelo caçador: assim, éramos levados a crer que o explorador era inatacável, forte e, sobretudo, portador da civilização cristã ocidental, em nome da qual tudo era permitido. Este senhor de longe, "de trás da água", chegava a rivalizar com o seu próprio Deus, tal era o seu poder sem limites.

O que acreditávamos ser poder era apenas o resultado de uma luta interior, de um problema perpétuo devido à natureza podre e depravada da nossa sociedade. Esse poder não era mais do que pura agressividade para escapar à sua própria sociedade, ao seu próprio universo. O maior cobarde da terra, encurralado no canto da "luta pela vida", não se transforma num homem corajoso e ardente? Mas a ousadia dessa coragem desaparece tão depressa como a espuma do algodão doce na língua das crianças. Assim, o trovão que ressoou quando o mestre passou não era mais do que o grito do desespero, do que restava do seu coração dilacerado pelo desespero de uma sede materialista insaciável. O relâmpago que acompanhava o "rei" não era mais do que um artifício para esconder, afugentar e mascarar o seu medo, o medo de si próprio.

O colonialismo, na sua fase inicial e na sua fase atual, ao colocar com acuidade o problema da relação entre o fraco e o forte, o opressor e o oprimido, faz-nos lembrar o raciocínio filosófico da *"dialética do senhor e do escravo"* de Hegel.

Sabemos que a sua sociedade foi concebida para opor homens a homens. Só aceita homens para melhor se opor a eles. Por todo o lado, cheira a queimado, a ranço. Solidariedade, humanidade, palavras vazias, disparates. Por todo o lado, o homem reprime o homem. Hostilidade, ódio, perfídia: as duras realidades deste mundo. Este mundo dos "civilizados". Acima de tudo, não sejais Negro ou Amarelo. Cuidado para não veres o verde onde ele vê o vermelho. A intolerância de uma sociedade podre, em farrapos, em colapso. O mestre entusiasmou-nos, incitou-nos a vir admirar o seu "paraíso", a sua bela metrópole, e quando lá chegamos somos brindados com uma aula magistral de irresponsabilidade. Somos atirados pela janela, atirados ao mar. O que estão a fazer aqui, seus pretos sujos? Tudo é uma oportunidade, tudo é uma circunstância para nos lembrar que não estamos em casa. Já atormentados, perturbados, já instáveis, perdidos na sua sociedade de consumo, sombras de si próprios nesta sociedade onde os fracos não têm lugar, o álibi é-lhes dado, o motivo é-lhes oferecido: as suas comichões vêm dos pretos, dos norte-africanos... e estes "já não podemos viver aqui?" que nos são repetidos de manhã e à noite no metro, no comboio, no autocarro, é mais do que revelador. Mais uma vez, somos o brinquedo do mestre, o seu instrumento. Mas amanhã, nas contas que terá de nos prestar, o patrão terá de nos mostrar o seu "paraíso", entre outras coisas, e a sua civilização.

O nosso conhecimento do mestre será uma arma formidável nas nossas mãos, e estou certo de que o apanharemos quando a história nos chamar e os chamados fracos clamarem por vingança.

Agora sabemos como o mestre come, onde come, onde arranja o que come, os nossos irmãos com quem come e quando comem. Sabemos como ele fala, ouvimo-lo, compreendemo-lo perfeitamente e avaliamo-lo.

Sabemos quando o mestre entra e quando sai, vemo-lo e seguimo-lo. A nossa alma vigia o seu sono, atormentando-o, importunando-o assim que a lâmpada de cabeceira se apaga.

Agora conhecemos o nosso mestre e sabemos que, mesmo na sua sociedade, ele continua a ser um homem solitário e, portanto, vulnerável.

A geografia do mestre é a nossa: o Sena, o Ródano, o Reno, o Loire, a Dordogne e muitos outros são os nossos rios.

Nós sabemos tudo, sabemos tudo sobre o mestre, mas ele não sabe nada sobre nós. Ignora a nossa resiliência e não sabe que sabemos esperar, que sabemos escolher o momento para escapar às suas garras afiadas.

O colonialismo pensa que é nosso dono. Só visitou as nossas cidades. Capitais construídas à sua imagem. E os pontos estratégicos, os pontos que ainda são humanos, ou seja, os "bairros africanos" dessas capitais, são-lhe estranhos.

O desenvolvimento de um povo baseia-se no seu passado. E esse passado, com os seus fermentos históricos, torna-se o quadro do seu presente e do seu futuro. Tal como uma casa sem alicerces está condenada a desmoronar-se, tal como o Nilo, o

Congo e o Niágara sem as suas pequenas e límpidas nascentes estão condenados a secar e a desaparecer, também um povo que ignora a sua história é um barco louco sem leme, que se lança nas ondas tempestuosas do mar. Está destinado a afundar-se.

Afirmar que estamos a construir o nosso futuro negando o nosso passado - a história do nosso povo, a nossa história - é pura auto-negação.

Lembro-me do que me disse um dia o meu colega chadiano: "Porque é que queremos sempre reviver o passado, porque é que queremos sempre viver com medo desse passado doloroso? Vamos esquecê-lo e construir o futuro", ao que respondi "para melhor esquecer o nosso passado colonizado, com toda a sua degradação, precisamos de o conhecer e de o conhecer bem". Porque é nesse passado que se encontram os elementos de construção do nosso futuro, da nossa verdadeira libertação. Não podemos pensar no futuro pelo futuro sem fazer referência à nossa história e ao mestre que faz parte dela. Para que o nosso futuro seja duradouro e sólido, ele deve ser o futuro do passado: o futuro do passado.

As razões da nossa preguiça

Se queres pensar, cruza os braços e espera que nós o façamos por ti com os nossos computadores. Queres comer? Senta-te e abre a boca. Teremos de o fazer por ti. Queres andar? Não achas que está muito calor, que o sol está no auge? Aproveita a nossa melhor invenção: o automóvel. Queres falar? Esperem, porque antes de abrirem a boca nós sabemos o que querem dizer. Sois um povo menor, subdesenvolvido e miserável. O lamento, o choro e a mendicidade são as vossas únicas companhias. Uma barriga com fome não tem ouvidos e nós sabemos bem disso. Recebereis os nossos excedentes de trigo, de leite e de arroz, mas tereis de ter a paciência de esperar, de suportar a vossa fome, para que possamos acabar de receber a nossa parte.

Não é correto que a barriga do patrão seja enchida antes da do escravo? Mesmo que o escravo se contente com o resto, esta é a ordem normal das coisas.

Queres fazer isto, queres fazer aquilo, bem, espera, estamos a caminho.

Dizem-nos que a história não se repete, nem se renova. Sim, mas o que se passa hoje em África e nos países do Terceiro Mundo não é mais do que a história a repetir-se. Ontem, foram os "grandes senhores", com a batina branca de anjo e a longa barba do deus dos catecismos, que serviram de base e de trampolim para a penetração colonial. É verdade que se diz que o hábito não faz o monge, e é bem verdade que o monge que vestiu esta batina não era um monge.

Agora que o seu jogo, por muito bom que seja, foi desmascarado e a sua derrota consumada, o colonialismo que nunca desarma regressa sob uma forma mais subtil: o corpo do progresso.

O que a religião civilizada não pôde fazer por estar fora da mentalidade desses povos profundamente religiosos, o que a religião não pôde fazer ontem, nós viemos fazer em nome da paz, em nome de critérios económicos estabelecidos por outros a milhares de quilómetros de distância, no seu próprio interesse, claro!

Mas cabe-vos a vós, povos do Terceiro Mundo e, em particular, de África, estarem muito atentos, porque o jogo do colonialismo, sob a forma humanitária, é desonesto e hipócrita. É um camaleão capaz de fazer de criança meiga e de chita cruel. É uma serpente venenosa capaz de sofrer mutações para conseguir um lugar entre nós, mesmo que isso signifique morder-vos.

Quem de nós não se banquetearia com este sal que, por milagre, nos cai na boca? diriam os sábios de África, referindo-se ao lucro que nunca passa despercebido ao género humano. Por conseguinte, temos de saber de uma vez por todas que o colonialismo, tal como o leão esfomeado que vê passar a corça medrosa, não o deixará escapar. Se quisermos contar com a sua boa vontade, com a sua inclinação humanitária, só temos de cruzar os braços e ver o nosso navio afundar-se, porque é o navio da perdição que escolhemos entre tantos outros.

Nós, africanos brancos e negros, de norte a sul do Sara, devemos e temos de ser ouvidos em todo o lado. Temos de nos despojar desta alma de escravatura, pois é esta alma que nos curva perante a escravatura e que grava na nossa alma este complexo de inferioridade. É sob este signo que nos rejeitamos como pessoas físicas, sensíveis e morais. É esta alma que nos inocula, que nos injecta nas veias esta vacina que subjuga o nosso ser e nos torna dóceis e mansos. É também esta alma escrava que nos congela e nos torna magnânimos, impotentes perante os abusos e as exacções dos outros. O riso, a alegria e a boa acolhida do negro ao branco, tão apreciados no mundo civilizado, são também frutos dessa vileza.

Como Wolinski disse muito bem (na sua peça), "não quero morrer como um parvo". A única maneira de nós, africanos, evitarmos morrer desta forma é livrarmo-nos o mais rapidamente possível da nossa alma de escravos; a alma que nos torna tão dedicados a servir os outros, o "mestre branco", e que nos impele a servi-lo em vez de a nós próprios.

Afirmo aqui, alto e bom som, a quem quiser ouvir, que é ainda esta alma que nos torna apáticos, preguiçosos em relação a nós próprios e à nossa Pátria e que duplica, quadruplica a nossa força quando se trata de trabalhar para o patrão. É também esta alma que nos faz desconfiar dos nossos compatriotas e dos nossos irmãos intelectuais capazes. Em contrapartida, estamos cheios de confiança, cheios de auto-confiança e, diria mesmo, orgulhosos de ter servido sob as ordens desses pequenos "cooperantes" que a França, a Inglaterra, etc., enviam para reduzir a sua taxa de desemprego sob o pretexto de cooperação ou de ajuda ao desenvolvimento.

Religião e intolerância

Os africanos e os negros em geral são tão profundamente religiosos como aqueles que vieram trazer-nos a sua religião. Porque vivem na floresta escura, na savana clara - numa palavra, na natureza - estão em constante comunicação com Deus.

Porque Deus está constantemente a falar à natureza, porque Deus se encontra em todas as formas, em todas as expressões, na natureza, aqueles que são chamados selvagens ouvem a sua voz e falam com ele constantemente.

Quando a nossa sociedade, na sua queda livre, na sua depravação, coloca o homem ao seu serviço e o arrasta consigo. Quando o homem, sob o domínio do mestre "dinheiro", é desvalorizado, o que é que nos resta? Se não confiarmo-nos à Natureza inocente e verdadeira. Melhor ainda, aqueles que se dizem civilizados compreenderam a necessidade de se reencontrarem com a natureza de tempos a tempos. E isso explica a corrida desenfreada (em França e não só) dos citadinos, e portanto dos mais "civilizados" porque mais ricos, para o verde do campo.

De onde vem este regresso súbito às origens, que tende a tornar-se um mero snobismo? Na sociedade, a influência, seja na família, no local de trabalho ou noutro lugar, desempenha por vezes um papel negativo e mata a nossa alma. A influência, irmã da inveja e da limitação, cria necessidades muitas vezes supérfluas e transforma-nos em verdadeiras ovelhas.

O leitor perdoar-me-á esta digressão, que me parece necessária para compreender o meu raciocínio. Tudo isto para dizer que o negro, onde quer que tenha vivido, seja qual for o período, sejam quais forem as condições em que tenha vivido: na liberdade, numa época em que esta palavra tinha o seu pleno significado para o homem em geral, nas noites escuras da escravatura, quando o canto do homem era o do canhão, nos períodos sombrios e obscuros do colonialismo, o negro, digo eu, esteve sempre em contacto com Deus, porque está em contacto com a natureza. Nenhum povo da terra criou outro povo, e cada povo, ao situar-se nas suas próprias realidades, cria a sua própria civilização.

Espero que, com um mínimo de esforço próprio, as pessoas compreendam comigo que nunca houve nem haverá uma civilização mundial padrão. O que houve e continuará a haver são diferentes formas de civilização para diferentes povos.

A história da civilização mostra-nos que a civilização é transportável, mas apenas nos seus contributos; as civilizações interpenetram-se, conservando cada uma a sua especificidade, e o enriquecimento é tanto maior quanto mais forem aceites como tal, como valores de pleno direito.

Havia uma civilização na Idade Média que não era a do Egito. Houve uma civilização em Roma, houve a era grega, houve também a civilização do Zimbabué, do Gana, do Mali... Há uma civilização em França, em Inglaterra e na Europa, tal como houve em África, na Ásia ou em qualquer outro lugar. Houve e haverá sempre civilizações, não uma civilização, porque sempre houve povos, não um povo.

O que é então a civilização? É o conjunto de constantes, valores imutáveis, leis naturais diretamente relacionadas com a natureza, dados climáticos que regem a sociedade de um determinado povo numa determinada região do mundo. Cada povo, através da sua sociedade, segrega dentro de si os seus próprios fermentos, os seus próprios instintos, que fazem com que o italiano, o inglês ou o espanhol não reajam da mesma maneira ao mesmo problema, na mesma situação. É em nome desses valores que o branco fica triste quando o negro está feliz. É também em nome desses valores imutáveis que o negro não vive, não fala a mesma língua, não reza da mesma maneira que o francês ou o inglês. Temos de ter cuidado para não cairmos no erro de acreditar que existe uma uniformidade civilizacional no povo branco ou no povo negro. Existe, e isso é certo, uma comunidade de interesses ao serviço da exploração e não de uma civilização comum.

A civilização segue o ciclo vicioso e infernal da história, que é também o ciclo da vida humana: altos e baixos. Tal como o homem, ela nasce iludindo-nos na sua forma e na sua substância; cresce acima de nós, atinge o seu apogeu e depois morre.

Obedece à lei natural segundo a qual "tudo o que sobe acaba por descer". Por isso, é incorreto dizer que uma civilização é igual a outra.

É tudo uma questão de modéstia e, acima de tudo, de tolerância. É preciso ter esta grandeza de espírito para não aceitar o que apenas faz parte do nosso quotidiano. Não devemos tentar ver em todo o lado as mesmas coisas que vemos em casa. Isso é impossível, mesmo num contexto mais restrito, numa escala mais pequena, quanto mais ao nível dos povos. Quando se visita um amigo, é normal que o quarto dele seja diferente do nosso, porque ele não é como nós. Temos de ser humildes e tolerantes se quisermos evitar o ódio e a guerra no nosso mundo.

Os povos devem aceitar-se mutuamente e interpenetrar-se, sem pretenderem negar qualquer outro povo, pura e simplesmente como um preço.

Mendigar

A África, o povo africano, não deve viver apenas da mendicidade; estabelecer um sistema político chamado ajuda aqui, cooperação ali, é pedir emprestado o navio da capitulação que só pode conduzir ao naufrágio, porque cada hora, cada dia que passa é um peso que o sobrecarrega e o afunda pouco a pouco no oceano gelado do tempo.

Porque cada momento desperdiçado nesta inatividade, nesta preguiça; cada segundo passado a celebrar esta política de facilidade nos vossos palácios de mármore, são lágrimas que hoje são retidas pela opressão e que explodirão amanhã porque serão da cor do sangue.

A mendicidade organizada a todos os níveis é a forma mais subtil e mais fina de alienação permanente. Como bem disse Rousseau: "os ociosos são produtores de estrume".

A cooperação, tal como é praticada atualmente, ou a política de mendicidade, perpetua a exploração de um povo por um povo e enquadra-se perfeitamente na estratégia colonialista que consiste em rebaixar e retirar a alma, o valor humano do colonizado, do explorado e, sobretudo, em fazê-lo compreender, lenta mas seguramente, que não serve para nada. O caminho escolhido e, sobretudo, abençoado, produzirá certamente ociosos e, por conseguinte, contém todas as sementes dos produtores de estrume.

Um prego afunda-se tanto melhor quanto mais secos e contínuos forem os golpes de martelo. Que se saiba, portanto, que se África quiser ser bem sucedida, tem de escolher o caminho do esforço contínuo e do trabalho corajoso. A África tem de suar ao sol com as costas curvadas sobre o seu daba. A África tem de adotar e integrar nos seus próprios valores tudo o que lhe permita distinguir-se e competir com os outros, fazer ouvir a sua voz na cacofonia das civilizações e elevar o nível de consciência política para elevar o nível de vida das suas massas.

Desta forma, a África poderá exibir orgulhosamente a sua parte na partilha.

A África deve perseverar nos seus esforços. Tem de cavar e cavar, seguindo os seus instintos e a sua consciência, as únicas coisas seguras.

A África precisa de saber que é melhor estar errada hoje do que estar errada amanhã e que o único caminho válido é aquele que se encontra depois de muitas tentativas e erros e de muitas hesitações. Depois de refletir profundamente sobre si própria para encontrar as causas dos seus erros, poderá então partir de novo, carregada com as experiências do passado que garantirão o seu futuro. "Só erra quem não faz nada". O importante é ter consciência de que cometeu um erro e, se não quiser tropeçar, certificar-se de que não volta a cometer o mesmo erro.

E para isso, nós, herdeiros deste velho e jovem continente, temos de recusar a resignação e a capitulação perante os traficantes, os fantoches, estes negros de consciência branca. Temos de lhes fazer frente com o orgulho negro, o orgulho da nossa mãe África, fonte da humanidade. Além disso, a nossa luta, a nossa luta para restaurar a dignidade de África, tira a sua razão de ser da adversidade, venha ela de onde vier.

A contradição, fermento da contrarrevolução, acompanha sempre qualquer sociedade em plena mudança e descoberta de si mesma, e continuará a acompanhá-la enquanto o mundo for um mundo e a sociedade uma sociedade.

É com esta noção que aceitaremos a crítica como um fator político positivo que nos colocará no caminho do progresso.

Mas é bom saber que a luta travada isoladamente face a inimigos comuns: o subdesenvolvimento e os "dois terços do mundo" conduzirá inevitavelmente à ruína e à perda. Se a África quiser ganhar a sua aposta, deve desmascarar as subtis manobras de diversão, os múltiplos complôs colonialistas e neocolonialistas que visam desestabilizar qualquer forma de união. Que todos os africanos conscientes gravem estas palavras em ouro e as recordem sempre: "há força na unidade".

Construiremos a nossa bela África de mãos dadas, longe de qualquer paixão ou ambição pessoal.

Permitam-me que seja claro: nenhum Estado é hoje viável por si só nesta África balcanizada, e não é a propaganda bem orquestrada do Estado da Costa do Marfim, destinada a fazer crer que existe ali um boom económico ou um milagre, que me fará mudar de opinião. Pois bem, que se saiba que não há milagres em economia, e isto aplica-se tanto aos que acreditam em milagres como aos que não acreditam.

Aceitar o milagre como fator de desenvolvimento económico é aceitar a noção absurda de que o crescimento de um país é, por enquanto, exterior a esse país. O conceito de desenvolvimento não é o resultado de uma pura prestidigitação ou de uma simples magia, mas de algo que foi pensado e refletido, integrado numa estratégia inteligível e orientado por realidades e factores humanos, a produção.

O facto de a água se ter transformado em vinho ou o vinho em água, num determinado momento, em Canaã, não significa que possamos utilizar esse modelo para sairmos deste atoleiro; porque se há um milagre para os crentes, ele só existiu durante um determinado período em que o homem era particularmente crédulo. A superstição e a credulidade são os fermentos, as sementes e a razão de ser do milagre.

Como é que nós, enquanto seres humanos conscientes, podemos aceitar esta noção como um fator sustentável de progresso? O Milagre não pode ser explicado, enquanto o desenvolvimento deve poder ser explicado, porque tem de seguir o rumo que lhe impomos.

O verdadeiro desenvolvimento é aquele que é feito para durar. Por outras palavras, um desenvolvimento que nos fornece os elementos positivos e negativos de que necessitamos para seguir o curso imutável do progresso. Estou convencido de que não há milagres na economia. É um processo a longo prazo, em que o esforço e a perseverança são os únicos verdadeiros companheiros.

Em economia, o milagre e o desenvolvimento científico estão em conflito, em contradição. Enquanto o primeiro é efémero e sem substância, mistificador e irrepetível, o segundo é duradouro, sólido e fiável porque se baseia em leis e métodos fiáveis, por vezes derivados de tentativas e erros. É o fruto de um esforço sustentado, conscientemente desejado e aceite. É a recompensa de um povo que se recusa a aceitar a resignação e a fatalidade, que procura constantemente melhorar. É, em última análise, o lenço que nos limpa o suor da testa quando merecemos o nosso dia de trabalho, o trabalho que nos liberta da alienação, da opressão e da exploração.

Por isso, vamos arregaçar as mangas e pôr mãos à obra se queremos escapar à mendicidade, porque nenhum milagre nos vai salvar de nada!

Bibliografia

- Relatório 2021 do Conselho Nacional dos Direitos do Homem (ver Ivoir'Hebdo N°68 de terça-feira 28 de dezembro de 2021 a segunda-feira 03 de janeiro de 2022)

- ELECTRICIDADE: Os serviços de base estarão em breve ao alcance de todos? in "ENQUÊTES ET REPORTAGES" do JEUNE AFRIQUE économique n° 243 de 16 de junho de 1997, Jeanne TIETCHEU

- [e] Costa do Marfim: uma terra de ação e de harmonia (congresso PDCI- RDA 6) in Voix Afrique, nº 5, 15 de outubro de 1975 ;

- La déclaration du ministre de l'Intérieur avant le recensement général, in Fraternité hebdo num. 834 de 11 de abril de 1975, p.6.

- Etude qualitative sur l'orientation des étudiants ivoiriens: contribution à une politique de formation des cadres por Caline Bentata, Université, Centre ivoirien de recherches économiques et sociales, 1975

Printed by Books on Demand GmbH, Norderstedt / Germany